U0199254

欧式典藏系列

EUROPEAN
European Restaurants

欧式餐厅
CLASSIC

解 读 经 典　品 味 欧 式

中国林业出版社
China Forestry Publishing House

Contents 目录

露会所
Dew Club
设计单位：南京名谷设计机构 —— 设计师：潘冉

项目地点：中国南京市江宁路

项目面积：780 平方米

主要材料：水磨石、硅藻泥、旧木板、砖块

创造一个满足多重营业功能叠加要求的复合型空间，为宾客提供高质量服务的会所类体验。在并不充裕的建筑本体内，最大效率的挖掘空间的可能性，同时兼顾到空间创作的艺术美感。

一层功能区域以及流线走向清晰明朗，吧台区位于左侧最显眼的位置，散座区环绕吧台布置，在相对开阔的中心位置是供多人使用的拼接长桌。穿过那片"雨后森林"为主题的楼梯通过空间来到二层，红酒包厢和中餐包厢设立于此。设计亮点：一是将艺术元素融会贯通到设计中；二是乡野材料的点缀利用。

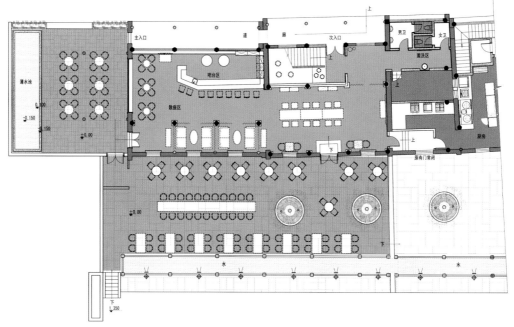

一层平面布置图

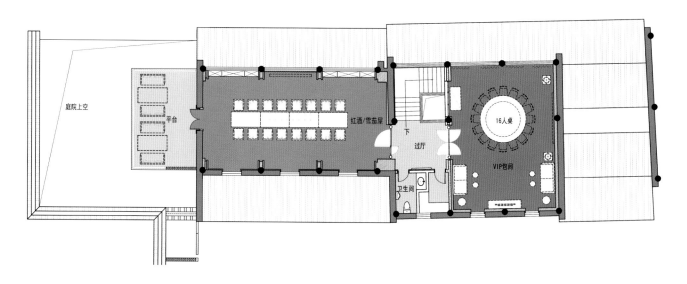

庭院上空

平台

红酒/雪茄屋

16人桌

下

过厅

VIP包间

卫生间

二层平面布置图

香榭印象精致铁板烧
Tiebanshao
项目名称：香榭印象精致铁板烧时尚餐厅　　设计师：项帅

项目地点：江西省南昌市

项目面积：500 平方米

主要材料：沃尔达灯饰

随着"概念设计"的兴起和餐厅文化的不断发展和进步，主题式与概念餐厅也慢慢的融入到人们的生活当中，概念餐厅中的中西文化的兼并，碰撞出时尚元素的火花，本案在设计前就从铁板烧的起源开始入手，铁板烧起源于西班牙，代表着贵族的饮食生活状态。

设计过种中注重材料的质感变化与对比，采用了较多的天然材质，不同于传统的时尚餐厅，而时融入了更多的时尚设计元素混搭，再加上油画的艺术性，力求营造出清新自然的另类时尚空间。

在白色文化石天然的起伏质感与光滑的镀膜玻璃相对比，真皮的软包与斑斓的老松木地板的运用，涂

鸦的时尚与铁艺的冲突，采用多种照明方式烘托气氛，让现代的年轻时尚无处不在，每个空间角落而展现出现代文明社会的产物是那么的和协。

铁板烧力求原食材的本味追求视觉盛宴，在取名香榭印象，香榭大道属于浪漫的法国之都，而印象是中国的朦胧之美，二者的相结合打造出一个法式铁板。

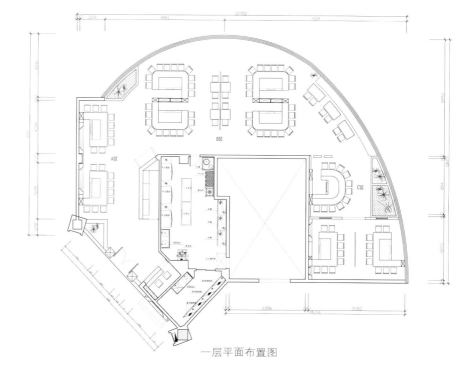

一层平面布置图

曲江鼎满香餐厅
Qu Jiangding full aroma restaurant
设计师：曹成

项目名称：曲江鼎满香餐厅

项目地点：陕西省西安市曲江秦汉唐广场三楼

项目面积：1300 平方米

本案位于古城西安大雁塔广场旁，为当地的知名餐饮品牌，此次重新立意，为当地餐饮业开启新河。欧式的纯粹感与 ARTDECO 结合，摆脱周边古典中式的厚重感，寻求典雅的用餐氛围。尽管多条 1 米见方的结构柱和 3.5 米的天花标高限制了风格定位，但经过阵列与拱顶造型的处理，结合大量机电改造，提升了空间感和进深感。

现场天花采用水纹不锈钢板，结合地面银白龙大理石的黑白波浪纹理，加以水花玻璃雕塑，上下镜射，营造了清透的前厅气氛；用餐大厅以米白为基色，辅以拱形的天花艺术彩绘，反而显得雍容开阔；包间以

壁挂的明镜、油画相互映照，衬以典型的欧式墙板，众多的花线点缀，温暖自然。

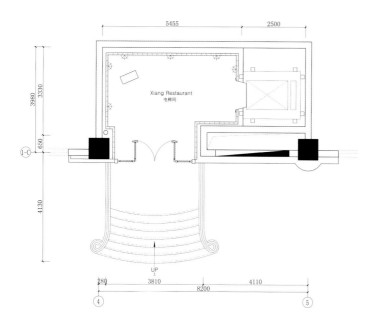

一层平面布置图

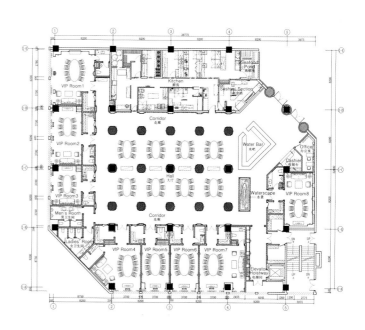

三层平面布置图

皇家君逸餐厅
Jolly Royal Restaurant
设计师：范白桥、铁柱、郭旭峰

项目面积：4000 平方米

主要材料：中华白、奥特曼石材 柚木、
　　　　　水曲柳木面、老木板、唐木、
　　　　　皮革、墙纸等

跳跃的色彩对比与材质质感对比，丰富多元、形态各异陈设系统，在统一的仪式感的空间结构里，获得了均衡，呈现出中外皇家空间共同的价值追求，注重品质感的呈现，强调雍容高贵，推崇细节的精致考究，在色彩运用上即尊重"皇家风范"的喜好，又通过恰当比例的热情亮丽的局部，展现出时代气息。与粤菜的高端属性和个性化特质形成性格上的契合。

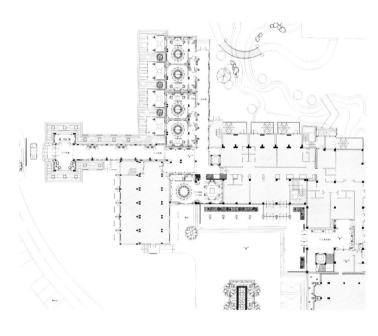

一层平面布置图

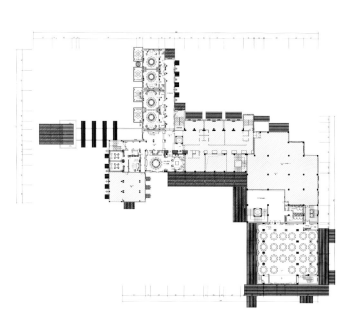

二层平面布置图

那私厨
The private kitchen
设计师·李泷

项目地点：福建厦门
项目面积：1200 平方米

结合古典与时尚，塑造具有时尚气质，简约、精致、结合闽南在地文化、低调而奢华的高质感怀旧氛围是设计过程的主体定位。

建筑结构和外观立面忠实保留历史原貌，选用具有鲜明闽南风格特征的水洗石外墙，配搭以质朴纯净的浅灰色调，与当地特有的建筑文化环境及鼓浪屿特色溶为一体。

公共空间规划贯穿建筑"钻石楼"的设计理念，从空间布局、立面造型、局部细节等多处运用钻石切割面元素，设计更以此作为主题性的概念切入点，提炼具有丰富人文情怀及鲜明视觉特征的元素为设计源，如定制怀旧壁画、木地板拼图、具有细腻肌理的立面材质等…结合现代设计理念及奢华陈设，力求在呼应整体规划设计风格的同时，亦能营造优良质感的时尚氛围，使观者及受众产生共鸣，感受优质空间的独特魅力。

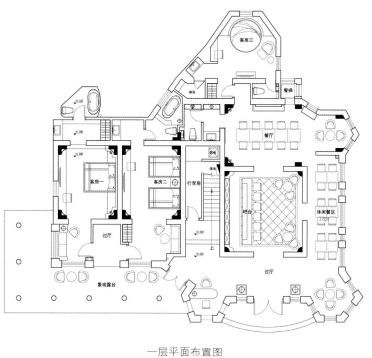

一层平面布置图

左岸花式铁板料理

Swash plate on the left bank restaurant

设计师：刘丰华

项目名称：左岸花式铁板料理

项目地点：浙江杭州市

项目面积：1000 平方米

市场定位主要为年轻人，他们对自由的向往，对浪漫的追求，有自己的品位。左岸铁艺以巴黎塞纳河为背景，展现出普罗旺斯小镇清新唯美的浪漫气质，受到广大青年朋友的青睐。

在室内创造优雅的户外环境，让客户感受到法国南部小镇的蓝天、白云、鲜花葱郁。清新的空气。经典的蓝色与纯美白色的碰撞，简洁明亮的黄色挑动你的味蕾，清新唯美的绿色植物枝枝蔓蔓萦绕你周围，如同亲临巴黎塞纳河。

尽管整体风格是欧式，但在空间布局上采用中式园林手法，以小见大，先抑后扬，移动换景的空间转换。

精致的铁艺，慷慨坚固的漆石涂料，鲜艳的四季花卉，附有蓝天白云的灯暖，构成法国南部小镇的视觉体验。

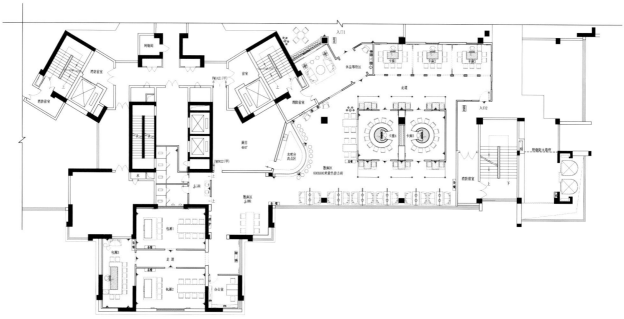

一层平面布置图

净雅餐厅未来城店
Jingya restaurant City store
设计单位：睿智汇设计公司　　设计师：王俊钦

项目地点：沈阳市沈阳区西滨河路

项目面积：10000 平方米

主要材料：帝王金石材、香槟金镜面不锈钢、
　　　　　金色柚木防火板、透光云石

拥有二十多年餐饮历史的净雅集团，一直以海鲜菜和航海文化而闻名。本案是净雅集团旗下专以提供海鲜美食的餐厅，经营战略定位于商务聚会和私人社交的高端场所。净雅集团对于每个餐厅的空间设计上一直寻求突破，有着聘请国际设计师量身打造的发展要求，此次将全新规划的未来城店全权委托于著名设计公司————睿智汇，希望将风格迥异的海洋元素做为主要符号进行诠释，为消费者提供一个私密而极具高雅的视觉就餐体验。净雅餐厅未来城店位于沈阳市西滨河路，面积为 10000 平方米。设计师将自然元素手法延续在此案当中，运用后现代设计手法演绎传统

文化，强化整体构想，在延续中国传统符号的同时，着重思考地域文化、材料美学、现代科技与当代艺术，创造出一种全新的隐喻古典图像的现代空间。

　　设计师摒弃了传统高档餐厅的金碧辉煌，在大厅的设计中将"牡丹"、"祥云"、"浮萍"、"瓦片"等元素运用其中，寄托了对东方文化的无限情感。"牡丹"主要表现在顶面造型之中，在恢弘的空间中增添了优雅的气质，烘托清雅闲逸的情境。"祥云"跃然于画面之上，散发着无限曼妙的意境，富有烟云溟濛的意趣，配合地面水波荡漾的图案，蜻蜓又悠然自得的神态表现的淋漓尽致，丰富了视觉效果，让人不禁幻想是徜徉在一望无际的大海之中。中庭的设计将柱子与梁的结构大胆的运用和处理，使空间多了份庄严与质朴。传统房屋中"瓦片"元素的运用更加贴近自然。

　　突破了原始结构的束缚，在布局上进行突破。使用了帝王金石材、香槟金镜面不锈钢、金色柚木防火板、透光云石、洗水银茶镜、黑色皮革等材料。

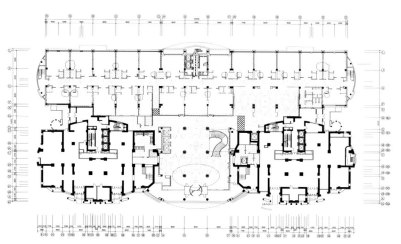

一层平面布置图

美宴摩登餐厅
Modern American feast restaurant
设计单位：宁波海曙能量黑石设计有限公司　　设计师：陈建翔

项目名称：美宴摩登餐厅月湖盛园店

项目地点：宁波海曙月湖盛园

项目面积：2500 平方米

主要材料：复古马赛克、黑白根大理石、
　　　　　实木复合地板、水曲柳、有色涂料

环境格调通透开放，体验花园式情景空间，结合项目建筑特色和西面的临街优势，设计师在项目西面全部采用优雅落地大窗，同时秉承美宴一贯的低调风范，弱化入户大门的概念，让宾客在曲径通幽的情景体验中，感受到空间的豁然开朗和不断过渡，一如在主人的引导下，去参加一场隆重奢华而又亲切私密的家庭式宴会。

法式和美式的搭配，实现自然舒展的空间提升，在装饰的搭配上，既忠于贵族式宴会场端庄大气的主题风格，又满足餐厅放松舒适的空间功能需求。

一层平面布置图

二层平面布置图

餐厅就着"回"字形走廊通道布局，形成的两大全挑高空间为二楼、三楼的包厢提供了情景式的花园体验，站在包厢外的走廊上，或者立于包厢内的落地挑阳台上，皆可以凭栏俯瞰花园绿意，或仰望屋顶璀璨灯光星辰，尊贵气度可谓一气呵成。在空间布局上做到了化零为整，一气呵成的错落空间层次，大堂外设计"回"字形的走廊通道，为方正大气的大堂空间营造了四面皆通透大气的尊贵感，同时在大堂的局部空间保留挑空式设计格局，在横向空间和纵向空间上皆营造了更舒展豁达的视觉体验。

在整体空间的布局和大空间的硬装把握上，运用了美式的自由灵动，形成舒适自在的整体空间感。而在细节营造和软装搭配上，则极尽法式的精致和浪漫，以最大程度提升宾客整个用餐体验过程的舒适度。

让宾客既能感受到餐厅的奢华高贵感，同时在就餐的过程中又能身心舒展、自在、愉悦，真正获得顶级的体验和享受。

香籁概念餐厅

Fragrant groves concept restaurant

设计单位：品筑设计　　设计师：凌川

项目地点：武汉菱角湖万达商业广场
项目面积：520 平方米

香籁概念餐厅是一家概念中餐美食料理餐厅，位于万达商圈。

走进这个空间，行云流水般的线条强烈的解构主义美学，让人几乎忘却了这原本是个餐厅。

空间面积并不大，却以流线型的隔断环围出一个个私密的空间，空间的特色造型极具视觉冲击力，让人几乎忽略了实际空间面积的大小。

尽管极富挑战，香籁概念餐厅最终还是以完美无瑕的品质赢得了业主及其来往客户的厚爱。

本案设计在餐饮设计业竞争激烈的中国武汉，设计师锐意进取、突破陈规、他给本案营造的时尚优雅的气氛，堪称典范。

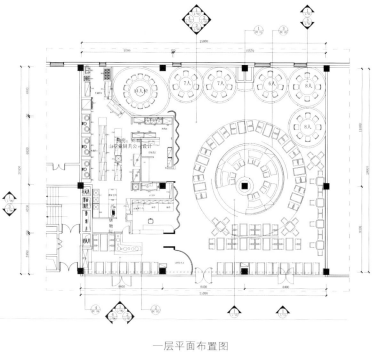

一层平面布置图

106 好多苹果
106 many apples

设计单位：黑蚁空间设计工程有限公司　　设计师：付冰

项目地点：成都东区音乐公园

项目面积：6000 平方米

主要材料：金鹰艾格木地板、RAK 地砖

市场定位高端，有别于传统豪华的高端餐饮，突出艺术品鉴。

现代 LOFT 艺术风格强化，突出人群特色，精准消费定位。

利用原有建筑结构做延伸，保证功能使用的情况下尽可能还原本来建筑的体貌和质感。

更多的原生态的材料，和工业感强的材料的运用。

作品投入运营后赢得了客人们的喜欢，为商家带来更好的收益。

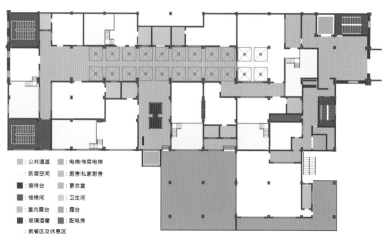

: 公共通道　　: 电梯传菜电梯
: 跃层空间　　: 厨房/私家厨房
: 接待台　　　: 更衣室
: 楼梯间　　　: 卫生间
: 室内露台　　: 露台
: 玻璃酒窖　　: 配电房
: 就餐区及休息区

二层平面布置图

御膳皇庭中餐会所
Imperial Royal lunch Club

设计单位：IFA 设计顾问

项目地点：华美达宜昌大酒店 4 楼

项目面积：2400 平方米

主要材料：石材、地毯、墙纸、金箔、樱桃木、
　　　　　镜钢、皮料、玻璃

"御膳皇廷"是宜昌地区第一间国际品牌五星级酒店——华美达宜昌大酒店的中餐厅，定位为开创宜昌高端中餐的全新标杆。

本案所处的宜昌市是举世闻名的三峡大坝及葛洲坝所在地，是一个自然环境优美，人文氛围独特的中型城市，极具发展活力，是中国中部地区著名的旅游目的地。

"御膳皇廷"作为非一线的国际化都市，国际品牌酒店的中餐厅，在室内设计中既要贯彻国际品牌的品质标准，又要兼顾地方餐饮的消费习惯和地域审美特征。我们要将国际品牌标准和地方文化特色巧妙融合。

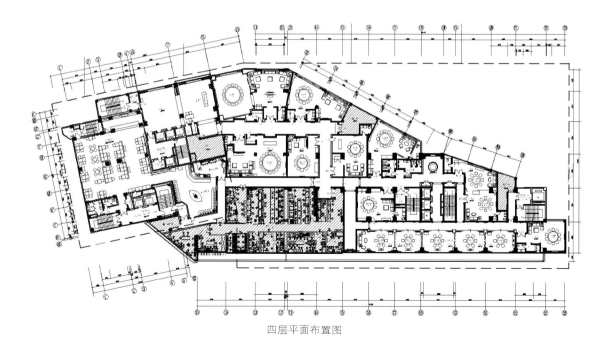

四层平面布置图

　　成功的商业空间设计必须对市场进行细致分析，"御膳皇廷"的目标客户群体大多来自高端的政务和商务宴请，我们在设计风格中要统筹考虑餐厅需要体现的"正式、隆重、尊贵、奢华"。恰当商业氛围，时代认同感和文化基础均不可或缺。

　　餐厅的布局由电梯厅，前厅，包房，多功能厅及走道组成，9间功能齐全的包房构成了餐厅的主体，包房面积在100至200平米之间，拥有独立的用餐区、休息区、门厅、衣帽间、卫生间、传菜间。

　　同时拥有一处6间连通包房，是可以化整为零的多功能厅。包房之间穿插了若干的通道和过厅，强调空间的豪华和私密感。在自然景观最为出色的方位是餐厅的前厅和主要包房，透过落地窗，客人的视野可充分享受到绿意。

调性：

　　本案的设计基础是如何引导高端餐饮消费，创造隆重奢华的氛围和尊贵、私密的感受。设计手法上采用了中西结合与混搭手法。注重色调、空间、立面装饰语言的细节来传递大气、隆重的基调，同时不失轻松的感受。

文化：

　　我们认为中式餐厅的设计之本应包涵传统的中式文化和哲学观点。在有限的空间中营造丰富的空间体验以

及文化内涵。

本案的空间布局中通过通道和过度空间的巧妙设置体现中华文化中的层次与进退，强调空间的严谨，对称（包间），每一个转折空间都设置了对景，充分的运用了传统空间哲学中的移步一景（过道）。丰富的空间感受中蕴涵着井井有条的次序感，给人工整，端庄之感。

颜色：

中华文化传统中尊贵的黄色和代表喜庆和好运的红色奠定了奢华的基调。配以深红色的木材，红色调皮料，白色天花及石材，金箔等的对比使色彩更为明快。

本案的颜色中大量的使用了红黄色系。在红黄色的暖色调中适当的采取了蓝，绿等冷色调的跳色，让空间显得更华丽（通道地毯的蓝色钩边，房间地毯的大面积冷色调跳色，冷色调的饰品）。

材料：

隆重的空间容易闷，设计中运用了多种不同质感的的材料搭配，让空间丰富多彩，强调不同材料的质感的对比，色泽的比对。设计师用皮料，木材和钢的搭配体现空间的品质感，多元素的对立、统一对设计师的整体把控力是一个挑战，在本案中很好的解决了这个问题。部分空间中缺少自然采光，设计师巧妙的使用镜面，丰富了光环境同时延续了空间。

灯光：

高端餐饮的经营需要明亮的进餐氛围和清晰的可见度。过亮的空间容易使得立面的装饰语言平淡，我们在本案中采用了多种不同层次的光源搭配，保证了整体的空间亮度，同时在地面、墙面和天花上形成丰富的光环境氛围。

Sabatini-SH

Sabatini-SH

设计单位：齐物设计事业有限公司　　设计师：甘泰来

项目地点：上海

项目面积：室内 430 平方米、室外 94 平方米

主要材料：洞石石材、沙比利木、琥珀玻璃、
　　　　　玛莱漆、意大利复古砖

基地位于商业大楼的地面层，设计师以"盒"状的设计语言，表现空间层层布局的趣味性。

入口处以内凹的方式界定出一座接待门厅，穿越门厅来到了吧台、用餐区、包厢或露台区。特别是既有的梁柱增建成拱廊造型，让拱柱优雅的轮廓划分出前后段的用餐区域；而层层的门框、拱廊也区分了餐厅的动线转折与座区安排，将各餐桌距离加大，满足交谈隐私以及侍酒与桌边服务所需的空间。考量该区消费客层多为商务人士，设计师除了在入口处规划酒吧作为餐前交谊的场所，更在露台区安排沙发座让宾客能在此轻松交谊。

此外，餐厅特别规划一座 VIP 包厢，包厢以镶嵌玻璃围砌而成，在水纹玻璃的中介下让内外视景产生朦胧效果，而达到了包厢内部隐私，长型而挑高的空间在玻璃的高透光性而不产生窄迫感。厢房内，可透过一道暗门弹性连结至内部厨房，让贵宾能亲见主厨私房菜的创作过程，包厢也可以再进行场域划分，满足不同人数的餐宴需求。

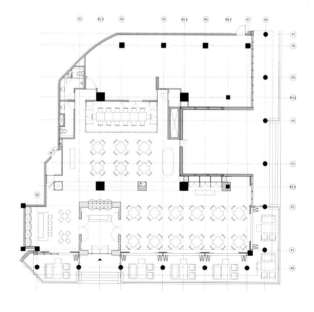

一层平面布置图

Y2C2 滩外楼
y2c2
设计单位：KokaiStudio　设计师：Filippo Gabbiani

项目地点：上海南外滩老码头

项目面积：1080 平方米

摄影师：Art Beat Studio

Y2C2 滩外楼餐厅坐落于上海南外滩 2 号老仓库之中，这里曾经是闻名远东的"复兴码头"。开阔的全景式滨江带和高跃的挑空层，让这里成为一个可以充分发挥想象力的空间。经由意大利鬼才设计师 FILPPO GABBIANI 的设计，使其成为一个处处渗透着"古典 VS 现代"因子的梦想剧场。

Y2C2 滩外楼餐厅闪露传统灵感，展现摩登精品，细心为您演绎当代粤菜精粹。以阴与阳、古典与现代的冲撞火花，融合出别具一格的中式美食。基于纯正广东烹饪，汲取阴阳养生智慧，加以季节变化之巧思，呈现"好食好味"的舒心料理。

餐厅可共容纳 180 个座位，在宽敞大堂边伴有优雅私密的 3 间半包房，另有极度隐私、装潢考究的 4 间景观包房。以不同规格的空间规划，满足不同客人的需求。大堂内，柔和的灯光及高过人头的座椅，既保证了每位客人能饱览滨江美景，又能互相轻声私语、畅所欲言。

DESEO FUERZA AMOR LUJURIA

Yucca

Yucca

设计单位：Dariel & Arfeuillere - A Lime 388 Company   设计师：Thomas Dariel& Benoit Arfeuillere

项目地点：上海卢湾区

项目面积：125 平方米

主要材料：喷绘地砖、壁纸、黑色油漆

Yucca 的设计旨在打造亲密的气氛，Yucca 创造了另人愉悦兴奋的社交氛围。 两位设计师希望打造一个能激发灵感的场所，在这里，想像力可以自由驰骋，朋友们也可以互相寻找灵感。

Yucca 是一家时髦的以现代摩登氛围和抓人眼球的设计装修为特色的墨西哥餐厅。"墨西哥"这个词和餐厅，酒吧联系起来总会让人想到 一系列固定的套路：仙人掌，宽檐帽，插袋手枪，子弹带，暴露出人造砖块的裂开的灰泥墙或者为了所谓的"上档次"而可以放置的 Frida Kahlo 肖像画。两位设计师 – Thomas Dariel & Benoit Arfeuillere– Yucca 背后的

创意者不想要其中的任何一个概念。区别于一般的老套，Yucca 向拉美和伊比利亚半岛丰富的视觉文化致敬。

时髦拉丁风， Yucca 时髦华丽的室内设计以丰富的有冲击力的色彩搭配为特色。墙面用生动的蓝色和分红粉刷，地板使用了随机铺设的蓝白相间的几何图案的马赛克。一副蓝色背景的女人照片从入口一直延伸到酒吧顶层，旋转楼梯引向顶楼私密空间，在这里你可以俯瞰整个酒吧，感受热烈的气氛。

Yucca 图案和颜色都是从墨西哥土著风中提取的精粹。材料有定制的景德镇青花瓷釉面砖，法国直纹白大理石，黑檀木皮等等。

Yucca 开业后受到顾客的普遍好评。热情而神秘的墨西哥风情，通过浓烈的色彩和抽象的几何图案让拜访者充分领略炙热性感，却又相对私密的空间。

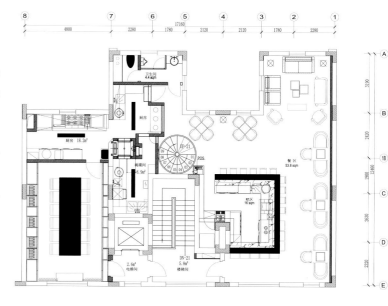

一层平面布置图

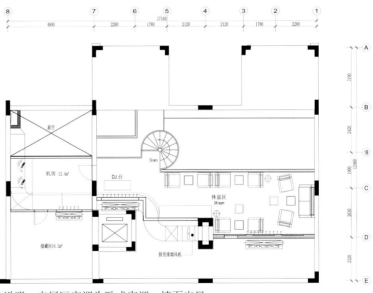

说明：夹层区空调为卧式空调，墙面出风

二层平面布置图

阿一鲍鱼餐厅
Ah Yat Abalone Restaurant

设计单位：北京筑邦建筑装饰工程有限公司成都分公司   设计师：曾麒麟

项目地点：贵阳

项目面积：1000 平方米

主要材料：萨安娜米黄石材、雷士照明、
        TOTO 洁具、海马地毯等

项目是一家经营海鲜粤菜的高档餐厅，一期推出市场后，业主对经营效果感觉不甚理想，本次加盟阿一鲍鱼，再次打造 4 间高端包房，主要从事高端商务及企业自身接待业务，并想以此奠定餐厅在当地高端餐饮行业中的地位。

因餐厅受建筑结构影响，4 间包房设计为两大两小，面积相差很大，如果延续一种风格，势必造成两间包房很抢手，两件包房很冷清的局面。为突出装饰效果，迎合不同客户的需求，确定以 4 种风格来呈现4 个包房，风格鲜明。推出后，小包房明丽、干净、舒适的风格吸引了很多客户。

考虑到包间格局及接待部的不同需求，4 个包间以不同的 4 种形态呈现。1 # 包间以小宴会厅的形式呈现，可开 1 桌到 12 桌。2# 包间以企业和商务接待客人为主，以一张 32 人大桌呈现。3、4# 包间以 10~12 人的高端商务餐呈现，同时为符合当地特色，在包间内均设有麻将和卡拉 OK。

4 种风格的包间，设计造材上各不相同，打开每一间房门，带给客人的都是别样的就餐环境，多样的就餐心情。

投入使用后，业主希望一、二期餐厅年收入过亿，目前餐厅已成为当地餐饮的新标志，当之无愧的龙头。

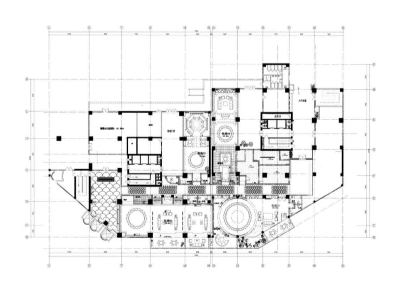

一层平面布置图

Chowhaus 餐厅
Chowhaus at Huashan Rd.
设计单位：穆哈地设计咨询（上海）有限公司 \MRT DESIGN　　设计师：Bill Yen\ 颜呈勋

项目地点：上海

项目面积：600 平方米

Chowhaus 周边有绿树围绕，门面并不大，木质的外观显得自然低调。

餐厅的开放空间被分成 4 个区，右边与中间是适合午餐的座位，左侧沙发、小圆桌适合小酌，一般情况下这就是餐厅开放区的全部，可 Chowhaus 别有洞天。最左往里走是玻璃房，除却放了不少植物外，中间有个装了壁炉的书架，从各地搜回的老皮箱、旅游手册成为摆设，原色木几周围放着米色、灰色的沙发，自然光线充足，看起来更像个独立的咖啡室。

三个从屋顶悬下的巨型玻璃罩其实是音箱，也就是说，在这件玻璃屋内，你可以带自己的音乐来就餐，

营造属于自己的小空间而彼此不会打扰到。相对正式的晚餐区，色调是黑、略深的木色，以及少许金色。内里的两间包房，分别用白色与深木色为装饰，给人以不同色调的冲击感。

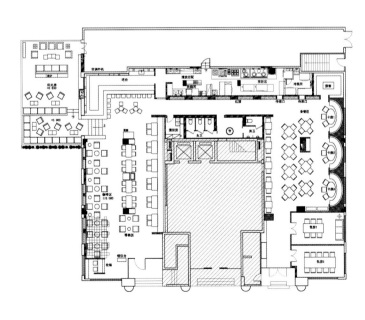

一层平面布置图

金轩中餐厅
Jin Xuan Chinese restaurant

设计师：梁志天

项目名称：丽思卡尔顿酒店金轩中餐厅
项目地址：上海浦东新区世纪大道 8 号
项目面积：1200 平方米

金轩中餐厅是香港的著名设计师梁志天先生 (Mr. Steve Leung) 的得意之作，它位于酒店的 53 和 55 层，室内装潢和沪城美景相互辉映，趣意盎然。金轩绝对是城中社交名流、商务显达的不二之选。

菜谱以地道粤菜为主，伴以各省精选名菜。而精妙的地方更在于其对茶道的讲究，这里根据客人点选的菜式，提供有最好的茶叶搭配，并全以热壶侍奉。

金轩大厅可同时容纳 52 位宾客就餐。6 个独立私密包间则可容纳一共 64 位宾客。2 个豪华贵宾厅可供40 位宾客宴客用膳。餐厅还特设中国茶廊，可供 18 位人客品茗。

新喜来酒店玛得利餐厅
New Grand Hotel m deli restaurant

设计单位：杭州意内雅建筑装饰设计有限公司　设计师：尹杰

项目地点：浙江温州乐清市旭阳路 1 号

项目面积：3810 平方米

主要材料：大花白大理石、木饰面刷白色
　　　　　开放漆、钢化清玻璃

简约的优雅：依托酒店的餐饮空间大多金碧辉煌、镶金镀银，这似乎是常规风格，无不是想体现一种奢华、高档的空间格调。因为不愿意步其后尘，有过多雷同化的表现，所以就想能否生发一种充满新意而又简约的优雅与高端品位来统领全局，这就是我们前期设计思考的重中之重。

罗马柱、琼顶以及繁复奢华的线条表达不是本案的设计语言，摒弃。我们尝试实验性地导入 ARTDECO 风格，混合现代极简的对比色彩，几何化地线条，以及富有情趣的配饰添置，彻底隔绝雍容而又刻意的华丽。

独立用餐包厢采用分区化的设计手法，赋予其不同的精神气质与光源搭配，试图让每个人都能远离审美疲劳，最大限度地享受空间艺术所能给予的优雅、快乐、愉悦等视觉以及心理的享受。

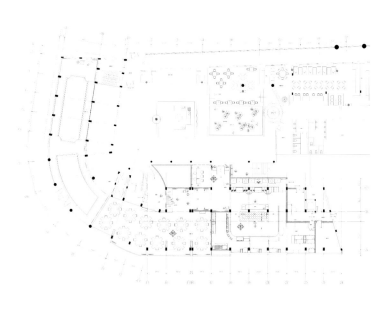

一层平面布置图

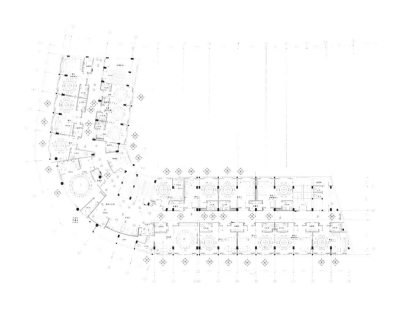

二层平面布置图

上海外滩 18 号 Cuvve Night Club
Shanghai Bund 18th Cuvve Night Club

设计师：甘泰来

项目地点：中国上海

项目面积：726 平方米

主要材料：压花板、天然大理石、镜面不锈钢、
　　　　　木皮、铜镜、壁纸

本案"Cuvve Night Club"位于外滩 18 号楼一栋历史建筑内，因此受到许多设计上的限制和挑战，入口门厅透过转折的动线，避免人直接进入室内，由舞者的表演区块结合吧台区，使宾客融入整场的气氛中，刻意降低的吧台尺度，使人走动之余也能倚靠在一旁欣赏主题表演。空间即有的柱子延续了与建筑体相同的古典线条，提出以 LED 灯的科技感，从吧台天花板上拉伸一道屏幕至 DJ 台背墙，营造空间的主要特色，其余的天花板和墙面，反而选择黑色的古典压花板，来陪衬这些不断变动的 LED 灯光效果。空间中央为卡座式的开放场地，围绕周边的半开放座位区与 VIP 包厢区，利用刻意架高的地板高度，有如剧场看台般营造空间的层次，而每个包厢以家的机能为概念，分别各有书房、起居室、客厅、卫浴及影音室等主题氛围，其中两间更为完全独立的包厢空间。

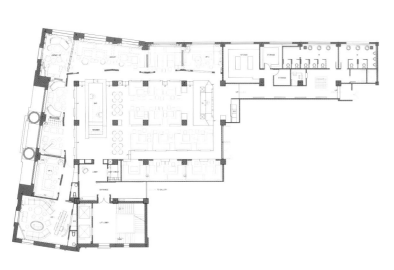

一层平面布置图

融会会所
Ronghui Club

设计单位：无锡市上瑞装饰设计制作有限公司　　设计师：冯嘉云

项目地点：西水东商业街 177-26

项目面积：1440 平方米

主要材料：老木板、水曲柳染色、黑洞石、
拉丝铜、马毛皮、木丝吸音板等

斑驳、古意、婆娑肌理的空间质感，带有鲜明、厚重的历史记忆，与曾经辉煌彪炳的"中国近现代工商业"、"民国"语境，在气质上吻合。塑造故事性，成为设计初衷，同时，知性、格调感的空间，亦建立在与高端目标客群心理机制相对应的预期。

会所业态，注定是一小族群身心归所，是城市新贵"后奢侈、慢生活"专属现场。为此，在色彩基调上，采用国际化手法表现的灰调，在浑然整体、沉稳大气暗示着对贵族精神的关照。黑的皮革、灰蓝的墙纸、布艺、灰色水纹的石材，到瑰丽大方的木纹、驼色的

地毯、褐色的椅背、桌套及深黄的牛皮，演绎着由冷调到暖调的自然过渡与紧密的色彩逻辑，并由丰富的材质对比、纹饰变化形成了生动的空间张力，内敛中流溢悦动。

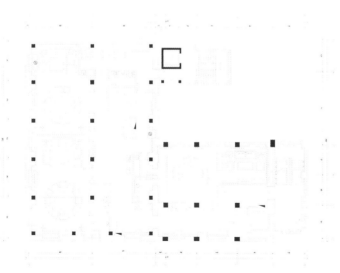

一层平面布置图

采蝶轩
Shanghai Zen Restaurant

设计单位：无锡市上瑞元筑设计制作有限公司　设计师：孙黎明

项目地点：上海市卢湾区新天地

项目面积：600 平方米

主要材料：仿古铜金属板、金属网、
　　　　　新古堡灰大理石材、皮革、
　　　　　草编墙纸、白影木、水曲柳

项目地处上海石库门新天地中心，在这里，海派文化与现代商业得到了创造性融合，亦使其成为国内现代商业业态的典范。整个街区背景与业态气质，给采蝶轩的室内外空间设计提供了母土与创作依据——中西文化的结合与重构，即本土文化的国际化表达。

从外立面伊始，简约、隽永的空间气质即贯彻到底，力图让"寸土寸金"的每一寸空间，都能达到恰到好处的表情传达。金属、玻璃、天然石材深挚沉着，营造出不动声色的品质感。深色的家具与深色的屋顶形成顾盼，天蓝与浅绿提亮了空间，又与暖色的灯光、橘红主题背景形成对比，均产生了生动的情绪跳跃。

整体空间架构并不复杂，空间的丰富性关联性由"上海记忆"的艺术品、现代简约的家具、陈设完成演绎；而主题部分，则由黑白勾线的蝶舞画幅和公共空间荧悬的"蝶影"演绎出来——一个架构在现代空间里的"庄生梦蝶"的中式体验油然而生。

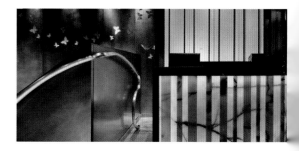

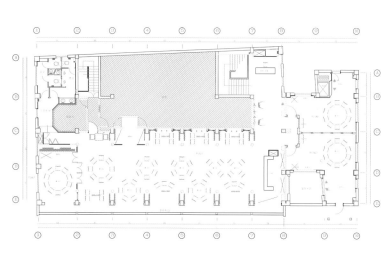

一层平面布置图

四喜艺术餐厅
Four happy art restaurant

设计单位：武汉设计联盟—武汉缔造组装饰设计工程有限公司　　设计师：赵国华

项目地点：武汉

项目面积：700 平方米

主要材料：大理石、青石、浮雕砂岩板、
　　　　　不锈钢、艺术涂料、木结构、玻璃

本案是一个创意中国菜、艺术收藏、个性服饰、为一体的私密性概念餐厅，也是一个古今合并、易古易今的艺术餐厅。它外表保有百年欧式建筑风格，但却又蕴含了现代的休闲娱乐功能。首先，在偌大宽敞的中庭，设计师大胆设计了后工业时代的玻璃钢质材料房，与合围的百年建筑和谐共存，极具视觉冲击力，并与前厅大堂、走廊、总台区形成互动结合，你中有我、我中有你；没有传统餐厅的老套功能划分，形成整体式的互动公共区域，大气而时尚、高雅而独特，艺术收藏、个性服饰、创意中国菜、茶道、花道、香道——展现得淋漓尽致；现代的功能，百年人文气质，

营造出了一个高贵浪漫、有历史厚重感、艺术感、奢华感、现代舒适感的空间意境。市场定位高端、时尚、热爱生活的人群。

本案着力营造不同于当地其他餐饮空间的优雅格调。并在注重私密性的前提下，灵活安排布局流线，使整个空间张弛有度、协调统一。在设计风格上，本案摒弃繁杂的材料堆砌以及多余的造型设计，运用简约的欧式元素贯穿整个空间，精美的画框元素和艺术藏品在餐厅内悉心点缀，浅白色调与暖灰色调让整个空间看起来幽静安逸，又品味十足。

空间布局上，经过跟业主的反复讨论，并结合当地的消费习惯，在一层散台区域，本案着力营造一种主次分明、餐区划分的私密环境，客人进入餐厅，一眼无法窥其全貌，而各区不同、台位不同，并利用古典家具、景台、隔断、落差等手法，让客人感觉处处新鲜、而又衔接流畅。

利用大理石、青石、浮雕砂岩板、不锈钢、艺术涂料、木结构、玻璃等传统和现代的材料及工艺手法，形成易古易今、中西混搭的设计风格，不会因时间的流逝而被边缘化，就像一瓶红酒，任由风吹雨打、时光掩埋，越久越浓，越浓越恒久……

作为酒店的设计者，本案的设计师不仅让作品满足了业主的需要，更多的是满足了客人的需求。当客人走进酒店便可感受到喧嚣嘈杂中清幽流水沁人心脾的一丝宁静。这是现代与古典的完美结合，会让客人沉浸在这样一种别致的美景中。

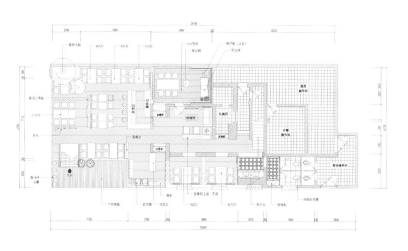

一层平面布置图

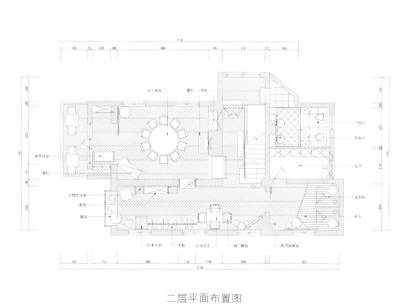

二层平面布置图

大铁勺酒楼
Iron scoop restaurant

设计单位：经典国际设计机构（亚洲）有限公司

项目名称：天津大铁勺酒楼永旺店

项目地点：天津市

项目面积：2500 平方米

主要材料：黑金花、木纹石、砂岩浮雕、
印刷玻璃、电镀不锈钢板、
木质雕刻板、金、银箔、
古铜五金、定制地毯

当我们第一次接手天津大铁勺酒楼的设计之时，Art Deco 风格就成为我们心中的首选，不仅仅因为 Art Deco 风格在全球复兴的潮流，更多原因是由于天津的城市血液中流淌的 Art Deco 元素所决定的。

天津作为中国第一个开放的口岸，早在上世纪 30 年代就与 Art Deco 结缘，五大道、和平路等地出现众多的 Art Deco 风格建筑，成为当时中国同上海并列的 20 世纪的 Art Deco 风尚之城。

百年后，伴随着天津的再次崛起，Art Deco 在天津城市建筑中正逐渐复兴，她标志着天津再次向迈向辉煌。而大铁勺酒楼正是在这场复兴运动中的见证者，是当代新贵阶层生活方式的选择。轮廓大胆，几何形体，阶梯造型，是 Art Deco 风格的基本定义。作为财富、精神的新贵阶层，当他们既不想回归繁复的古典主义传统，也拒绝接受工业化的极简主义时，Art Deco 风格往往便成为最完美的选择。

Art Deco 风格注重表现材料的质感、光泽；造型设计中多采用几何形状或用折线进行装饰；色彩设计中强调运用鲜艳的纯色、对比色和金属色，造成华美绚烂的视觉印象。

具体到本案例中，我们着重强调了不同空间的色彩对比及呼应关系，使作品在统一中富有变化，注重运用当代的新工艺新材料，丰富满足低调中彰显个性时尚的内在品质追求。

精心选配的家具、灯饰表现了我们对现代艺术的钟情。Art Deco 的无限魅力，就在于对装饰淋漓尽致的运用，且不论时代如何变迁，都能在其中出现新突破。

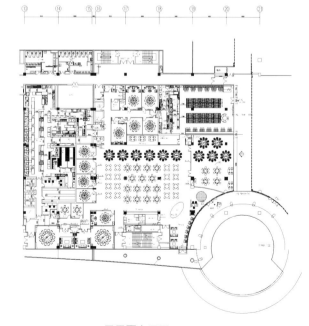

一层平面布置图

　　我们试图用当代的手法复兴 Art Deco，重新诠释这种被称为"20世纪最激动人心的装饰艺术风格"。有人认为，都市人的怀旧创造了 Art Deco 在当今社会的流行和时尚。我们并不否认这样的解释，但不仅仅因为怀旧才能时尚，而是一种审美价值观念的体现以及对传统文化的继承和发扬才造就了时尚。对于经典的简单复制和怀旧并不是好的设计，时尚的生命力在于从经典中寻找精髓和品质，在现代审美的理解基础上的传承与创新。

外婆家西溪店
Grandma West Creek branch
设计单位：内建筑设计事务所

项目地点：杭州紫荆花路

项目面积：2000 平方米

主要材料：木材、石料、玻璃、钢

质感时尚是空间的主体语言，天花上的手写菜单和大幅面的张拉膜图象成为最鲜明的表达语素，附着于空间表皮之上，带来新鲜的视觉冲击。而旧物的点缀穿插则给空间带来了丰富的面相。

一层平面布置图

湘鄂情酒店
Hunan, Hubei hotels

设计单位：朱回瀚设计顾问工程（香港）有限公司　　设计师：朱回瀚

项目地点：上海
项目面积：3600 平方米

湘鄂情（上海店）位于上海最繁华的徐汇区餐饮一条街，分为三层，一二层为时尚餐区、三层为包间。

建筑外形系在原建筑装饰上的改造，风格上以时尚中式及欧式家私软装混搭，门头入口的防风转门超出了它自身规范的极限高度，6 米高的转门内上方悬挂着一盏华丽的水晶灯饰和两旁图腾立柱相应成辉，整个外墙都用以铁板工艺中式透空格栅饰面。室内门厅为半弧形包围状波纹板白色墙壁，简约的方洞形餐区入口过门，玄关为天地相连的青花瓷摆件柜壁，青花的摆置系按"易经"的数理格式存放。

大厅天花为中国红的弧形穹顶，悬挂着巨大的中式雕花梅瓶吊灯（此物实属旧物摆件改造）。整个风格的色调为白色的石材地面、红色的天穹、黑桃木立面相配搭。一层落地窗边区域采用了树枝纹的铁艺剪影图形，以十字形交错隔断形成了四个独立的4人餐位。在此项目中，设计师采用了树枝纹的元素，树木婆娑的交错、中式格栅的影印及缠枝花纹的地毯，一切中式的元素都以一种简约的方式得以表达，在这里设计师又一次让古典的中式情怀以时尚的方式得以呈现。

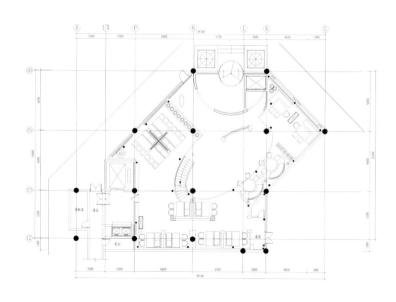

一层平面布置图

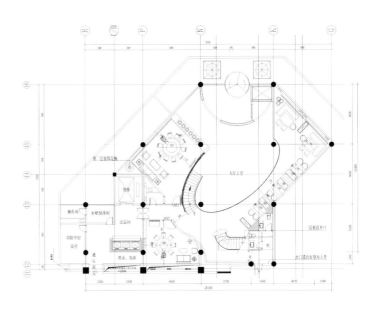

二层平面布置图

金钱豹国际百汇餐厅
Leopard International Becerra Restaurant

设计单位：暄品设计工程顾问有限公司、招鼎设计工程有限公司　设计师：陈柏仰、朱晏庆

项目名称：金钱豹国际百汇餐厅南京店

项目地点：南京大观天地 Mall

项目面积：3205 平方米

主要材料：石材、铁件、铝、布料、马赛克、
　　　　　金属漆、镜面不绣钢板、冲孔板

此案坐落在南京市下关区靠近长江出河口之大观天地购物中心，周遭古迹林立。如阅江楼、静海寺。坐落在大观天地购物中心近千坪的基地上，此餐厅的定位为无国界料理的 Buffet 以及会所包房型态 VIPRoom 两种型态。

包房的设计重点，在于凸显周遭古迹景点的优势，让所有包厢皆能够浏览古迹阅江楼，在 buffet 的部分，共有 5 百个座位、近千坪的空间，由于订价不低，设计师表示，整个空间的消费定位属于中上阶层，在整个空间上也必须赋予时尚感。

在设计概念上所采取的策略是利用平行的动线切割空间，建立不同的空间区块。再来则是天花板的细部设计，利用线条的律动，以及线条与线条间折点的变化来带出整体空间的律动感，如此一来，经由线条的构件与单元组合，可先在工厂预製而后现场组装。既能为空间创造不同的视觉律动，又能维持一种元素的统一性。

在开放式厨房的多国料理分散于不同的空间区块，首先进入眼帘的是日式冷餐柜，上方的天花板以纸鹤的装饰艺术概念呈现，一旁的座位区之间的以铁件设计隔屏，是水草意象的渐变。包厢区共有13个包厢，多数可连通成为一个。设计师选择以牡丹此一富有中国意象之花卉，将其变形与抽象化，再分解出三个设计原型，融合于空间之中，如灯具地毯等，部分色调灵感来自宋瓷，以呈现出优雅的氛围。

设计师表示，针对此种大型的复合餐饮空间，最大的挑战并不仅止于设计概念本身，还包括高度复杂介面整合，也让此种类型的餐饮空间设计，如同空间建筑般具体而微。如何运用最简单的元素，创造出丰富而具有一致性的空间，则考验设计师的整合功力。

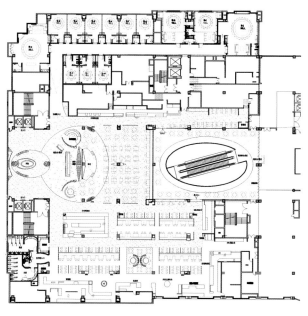

一层平面布置图

在整个空间主轴部分，天花板以圆形的构件，利用线条的律动，以及线条与线条的折点变化，形塑出富韵律感的动态效果。圆形构件，除了提供一个单元组合的设计概念之外，也在工程施作上的一个策略，可先在工厂预製而后现场组装，简化施工流程。设计主轴是运用折点的变化形成一种韵律感，而线条律动又可延伸作为呼应长江流水之意象。

入口部分的天花造型构件，在初步设计构想下，持续细化及延伸。入口造型墙构件以弧形呼应上方天花，椭圆形的天花造型，以几何多层次造型搭配灯光效果，外围延续一致的线条造型律动，下方则规划同造型的水池造景。

大厅接待柜台的设计构想，后方以梭形屏风的背景，屏风后面则是餐饮区的主要舞台。接待柜台两边的弧形屏风材料为铁件冲孔板，作为大厅的导引、欢迎之意象。接待柜台柜面以钻石切割面呈现，柜台左侧为通往包厢的入口动线，往右则为 Buffet 区。

在座位区之间，为了区隔不同座位的隐私感，在座位与座位之间，需要有一道隔屏来区隔。为此，一样由铁件线条的渐变造型，发展出如 " 水草 " 般意象，连结上方天花板流动的韵律。

这些不同的单元构件由设计者预先建立的资料库中不断汇整、发展，未来，更可任意拆解、组合，供作未来发展该餐饮其他分店空间元素之用。

包厢区廊道天花板以细长的梭形体与线条铺陈，若抬头看，如下水后船体一般，暗喻著郑和下西洋的故事。也呼应一致的设计概念。

以牡丹作为发想的主题，将牡丹经由一连串的转化，取其姿态与线条，再经由推叠、抽象、变形、简化，撷取其型态的架构，衍生出具有牡丹意象的三个设计原型。最后再将之运用于包厢地毯的 Pattern、墙壁的浮雕、把手、甚至桌上的吊灯等。在设计上希望以牡丹的型态作为设计的主轴，赋予每个空间个别的空间意象，但却又依附在同个架构下发展，藉此创造出独一无二的优雅氛围。

一品江南
South
无锡观点设计　设计师：孙传进

项目地点：江苏无锡市

项目面积：3000 平方米

本案座落于风水绝佳之地 -- 无锡市新区美新玫瑰大道，建筑外形精妙，周围环境优美，是服务于追求高档品质生活的中高档消费人群的餐饮会所。

融合了多方的江南文化，将尊贵、浪漫、专业、特色融为一体，重视个性和创造性的表现，不主张追求高档豪华。风格独特，格调高雅。其设计全局与部分之间的和谐、均匀，体现出其独特的风情格调，使顾客一进餐厅就能强烈的感受到美感与气氛。

设计上运用了大量的深色木饰面以及大理石、皮革硬包、墙纸等相互呼应，相互衬托。

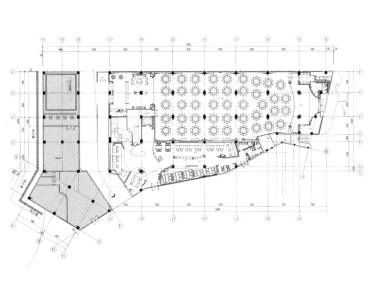

一层平面布置图

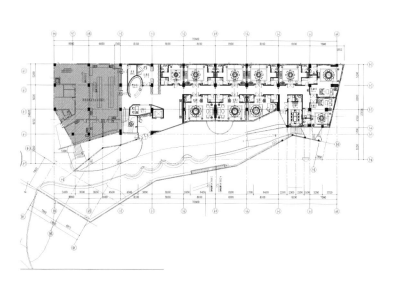

二层平面布置图

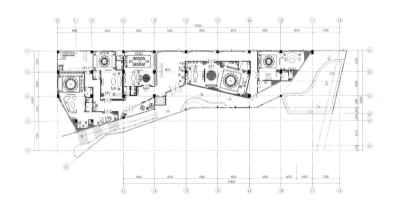

三层平面布置图

涌香格调时尚餐厅
Yongxiang Fashionable Restaurant

设计单位：新加坡 V.特锐建设集团　设计师：David/宋国梁

项目地点：宁波市

项目面积：2300 平方米

主要材料：木皮、墙纸、镜面不锈钢、
　　　　　大理石

涌香格调时尚餐厅地处中国宁波美丽的奉化江畔，位于商业热土舟宿夜江中心地块，环境幽静恬淡。精彩纷呈的时装发布会成为设计师创作的灵感，流动的色彩、混搭的文化元素与本案有着异流同工之妙，品味、气度、涵养如描绘年轻绅士般写满了从容。

餐厅融合现代、西式复古、时尚元素，无论北欧风情、田园诗意、现代情愫，显得巧妙流畅。整个餐厅洋溢着浓浓的文化气息、书卷满廊、原创前卫艺术装置、手工陶盘、名师画作，从内到外透着优雅，造就了餐厅的特有气质。从一到三楼贯穿的共享空间，

为原有楼梯间改造、斜洒阳光、清流潺潺、灵动、活泼、充满生机。

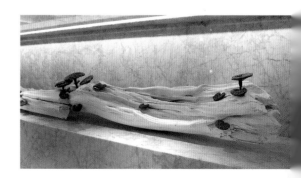

包厢风格迥异，各具特色。三层多功能户外餐吧，坐拥甬城绝美夜色，赏佳景、享受美味佳肴、浪漫情怀，为甬城独一无二的特色场所，也是人们沙龙、party的理想去处。 不管是家具、灯具、特色工艺装饰每一个细节都经过设计师精雕细琢，设计师本人创作的装置艺术给空间增添了独特的魅力。 餐厅已不仅仅再是单一的功能，如男士香水般带来的精神愉悦、轻松、尊享何尝不是最美的。

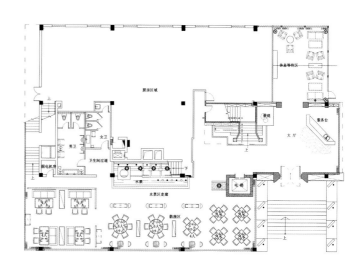

一层平面布置图

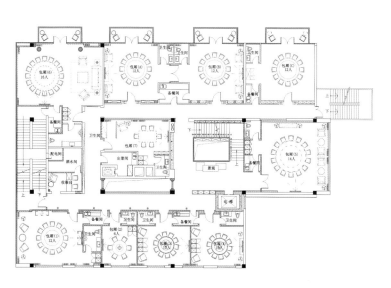

二层平面布置图

【欧式典藏】——欧式餐厅

编委会成员名单

主　　编：贾　刚

编写成员：贾　刚　蔡进盛　陈大为　陈　刚　陈向明　陈治强
　　　　　董世雄　冯振勇　朱统菁　桂　州　何思玮　贺　鹏
　　　　　胡秦玮　王　琳　郭　婧　刘　君　贾　濛　李通宇
　　　　　姚美慧　李晓娟　刘　丹　张　欣　钱　瑾　翟继祥
　　　　　王与娟　李艳君　温国兴　曾　勇　黄京娜　罗国华
　　　　　夏　茜　张　敏　滕德会　周英桂　李伟进　梁怡婷

丛书策划：金堂奖出版中心
特别鸣谢：金堂奖组织委员会

中国林业出版社建筑分社

责任编辑：纪亮 李丝丝

联系电话：010-83143518

出版：中国林业出版社

本册定价：199.00 元（全四册定价：796.00 元）

鸣谢

因稿件繁多内容多样，书中部分作品无法及时联系到作者，请作者通过编辑部与主编联系获取样书，并在此表示感谢。